let's brunch! 微奢華的早午餐點

百變窩夫機2

研出版

序

有好一段日子，好喜歡看著大家在網路上分享的
窩夫機美食。
真的創意無限，想到的、想不到的都在窩夫機熱
潮下發揮得淋漓盡致，實在是賞心悅目呢！
本以為再次為窩夫機撰寫食譜，大概會沒辦法順
利完成的，卻沒想到窩夫機能讓心思再度發揮。

製作期間，想著試著又讓我再次樂在其中。
特別是最新的迷你撻烤盤，小小的，甚討喜！
每次看著成品製作完成後，迷你可愛，看著也是
樂事。
我常會想，喜歡自家製的朋友們定必也跟我一樣，
在烘焙的雜碎中，得到無法言喻的滿足感。

由於百變窩夫機已收錄了不少各烤盤的食譜，
為了給讀者們新的食譜、新的做法和新的靈感，
製作的日子中，反覆的想了又想，試了又試，
只希望讀者們會感受到這份熱誠。
好希望能讓看著書的您會同樣愛上自家製，愛上
獨一無二的專屬味道。

最後，謝謝 In-Pubs 的同事，讓這本書順利完成。
也特別感謝在製作《百變窩夫機 2》的日子裡，家
人及朋友們給我最大的支持。

祝願喜歡自家製的您們，
在烘焙的世界中找到前所未有的快樂與滿足感。

Allie

CONTENTS

窩夫機機件

製作窩夫前，先細閱説明書及了解清楚窩夫機各機件部份，使用就更加得心應手，又能確保安全。

窩夫機內部

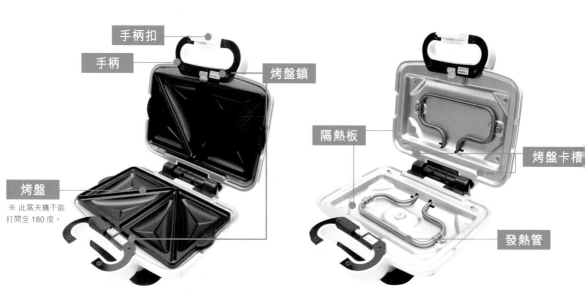

手柄扣

手柄

烤盤鎖

隔熱板

烤盤卡槽

烤盤

※ 此窩夫機不能打開至 180 度。

發熱管

窩夫機表面

預熱指示燈 - 綠

預熱完畢後綠燈會亮起
※ 亮燈後可能有閃爍的情況實屬正常。

通電指示燈 - 紅

窩夫機底部

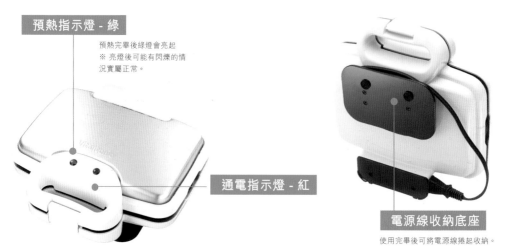

電源線收納底座

使用完畢後可將電源線捲起收納。

安裝及拆除烤盤

正確的安裝及拆除烤盤,可確保窩夫機在安全情況下使用,減少意外發生。

 ───────── 烤盤 ─────────

位置固定鈕　　　　　　　　　　　接合端

※ 所有烤盤的位置固定鈕和接合端都是一樣的。

───────── 安裝烤盤 ─────────

1 先把烤盤的位置固定鈕插入卡槽中。

2 將烤盤往下壓,直到烤盤鎖扣上接合端,發出「卡擦」聲即代表烤盤已鎖穩。

───────── 拆除烤盤 ─────────

1 將烤盤鎖向自己的方向拉,鎖扣解除後,將烤盤微微向上抬起。

2 然後取出烤盤。

烤盤介紹

窩夫機附有不同烤盤可供替換，以下為大家介紹 13 種窩夫機專用烤盤，製作出各式各樣的小點心。

三文治飛碟烤盤
Sandwish Plate

快速製作出外脆的烤三文治，也可利用此烤盤變化出不同的點心。

心形窩夫烤盤
Heart Waffle Plate

由四個心形圖案組成的烤盤，像帶來幸運的四葉草，利用心形窩夫烤盤即可製作出精美好看的窩夫。

杯子蛋糕烤盤
Cupcake Plate

一次可製作八個杯子蛋糕。在製作迷你撻皮時，要跟迷你撻皮烤盤一同使用，請看食譜內文了解更詳細做法。

撻皮烤盤
Tartelette Plate

非常實用省時的烤盤，只需準備好麵糰，即可簡易烤出撻皮，隨時隨地變化出鹹、甜美點。

鯛魚燒烤盤
Poisson Plate

日本人氣頗高的傳統小吃，利用鯛魚燒烤盤，即可輕鬆製作不同口味的鯛魚燒，大人小朋友也喜愛。

迷你撻皮烤盤
Mini Tartelette

一次可烤製八個迷你撻皮。在製作迷你撻皮時，要跟杯子蛋糕烤盤一同使用，請看食譜內文了解更詳細做法。

甜甜圈烤盤
Doughnut Plate

小巧可愛的迷你甜甜圈，一次可烤六個份量。

瑪德蓮烤盤
Madeleine Plate

一次可烤八個瑪德蓮，外型典雅又可愛，非常吸引人。

帕尼尼烤盤
Panini Plate

製作出別具意大利特色的三文治，亦可利用此烤盤製作出鬆軟蛋糕。

格子窩夫烤盤
Waffle Plate

可製作出外酥內軟的美式窩夫與比利時鬆餅，是窩夫機烤盤中最基本的一款。

班戟烤盤
Pancake Plate

可製作出熱香餅，亦可利用班戟烤盤製作出鹹、甜小點心。

脆餅烤盤
Pizzelle Plate

又稱為蕾絲餅烤盤，可製作薄脆的烤餅，趁脆餅還熱的時候造型，更可變化成雪糕脆杯。

正方飛碟烤盤
Square Hot Sandwich Plate

可以製作包含更多餡料的正方型飛碟，口感與層次再提升！

窩夫機清潔及保養

正確的安裝及拆除烤盤，可確保窩夫機在安全情況下使用，減少意外發生。

✤ 清潔機身外側、發熱管、隔熱板

① 窩夫機每次使用完畢後，待完全冷卻後，把濕的抹布擰乾沾少許中性清潔劑去除污漬，再用擰乾的抹布把清潔劑抹掉，然後用乾布抹去水漬。

② 請勿在窩夫機完全未冷的情況下進行清潔，因為使用中與剛使用完的烤盤的溫度非常高，請小心燙傷。

✤ 窩夫機保養

① 切勿直接用水沖洗主機。

② 請勿將主機垂直收藏。

③ 收藏時，避免機身及烤盤互相碰擊而破損，可於上下烤盤間夾上報紙，將機體之間隙填滿，並扣上手柄扣。

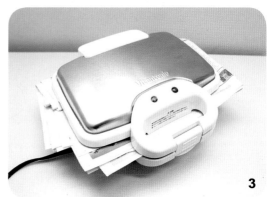

❧ 清洗烤盤

① 初次使用時，應使用海綿沾取中性清潔劑清洗烤盤，再用水沖洗乾淨。抹乾後即可使用。

② 使用過的烤盤，待完全冷卻後，請使用海綿沾取中性清潔劑清洗。如果凹槽地方有殘渣及污垢，可使用軟毛刷清潔乾淨。

③ 每次使用完畢後都必須洗淨，以免烤盤遺下殘留物。

❧ 烤盤保養

① 請勿使用金屬尖銳物擦拭烤盤，以免破壞烤盤。

② 切勿使用任何磨砂清潔劑、高揮發性清潔劑或含有化學成份的抹布洗刷烤盤表面。

③ 烤盤屬消耗品。烤盤上有一層不黏塗層，可使製成品不易沾黏在烤盤上，也易於清洗。但長時間使用，不黏塗層會隨使用的次數而變薄，影響烤出來的製成品，製成品會出現色澤不均及容易沾黏著烤盤，此時請替換新的烤盤。

常用烘焙工具

烘焙中常常用到的工具，利用這些小工具，做出千變萬化、精巧的小點心。

刷子 ⬇

有分軟毛或矽膠兩種，常用於在點心表面掃蛋液，或烤盤掃油時使用。

膠刮刀 ⬇

分割麵糰時使用。

擠花袋及擠花嘴 ⬇

擠花袋可裝入忌廉或麵糊，而不同大小的擠花嘴可以擠出不同的圖案、層次，增加美感。

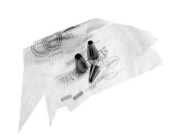

隔熱手套 ⬇

烤盤的溫度十分高，使用隔熱手套可避免燙傷。

膠刮刀 ⬇

混合麵糊時使用，或可用作刮淨盆裡的材料。

便攜式攪拌機 ⬇

烤盤的溫度十分高，使用隔熱手套可避免燙傷。

電子秤 ⬇

可精準測量材料，最小可以量到 1 克。

打蛋器 ⬇

攪拌蛋液或麵糊時使用。

計時器 ⬇

倒數計時器，避免成品烘烤過度。

量杯 ⬇

用來秤量材料，也可用來裝取麵糊。

桿麵棍 ⬇

大小不同的桿麵棍，視乎麵糰的大小、份量而選用不同桿麵棍。

篩網 ⬇

將粉類過篩，減少麵糊結塊，提升成品的口感細緻度。

常用烘焙食材

書中提及不少烘焙食材，了解材料的特性及份量，就能做出美味可口的小點心。

高筋麵粉

高筋麵粉蛋白質含量約 12.5 － 13.5%，蛋白質含量高，因此筋度強，多用來做麵包。

中筋麵粉

中筋麵粉蛋白質含量為 9.5 － 12.0%，中筋粉多用在中式點心製作上：如包點、饅頭，餃子皮等。

低筋麵粉

低筋麵粉蛋白質含量在 8.5% 以下，因此筋性較弱，多用來做鬆軟的糕點。

全麥粉

以小麥磨製而成的全麥粉，含有豐富的蛋白質、醣類、脂肪、維生素和礦物質，粉質較粗，顏色較黃，是健康營養食品。

抹茶粉

天然的綠茶葉磨製而成，具有清新的茶香，常用於烘焙中。

無糖可可粉

可可粉，即是由可可餅脫脂粉碎之後的粉狀物。多用於咖啡、朱古力、飲料生產上，也是製作朱古力蛋糕的重要成份。

天然紫薯粉

用新鮮優質的紫薯，經去皮、乾燥等加工而成。加水後的紫薯粉，其色澤、香氣、口感與新鮮紫薯蒸熟搗成泥的狀態相同。

天然南瓜粉

用新鮮優質的南瓜，經去皮、乾燥等加工而成。南瓜粉用途廣，可製作成不同的南瓜料理，如南瓜濃湯、南瓜粥、南瓜派、南瓜饅頭、南瓜餅等。

黃豆粉

是大豆炒後去皮、磨製而成的粉末。

泡打粉

泡打粉又稱為發粉，是膨脹劑的一種。

速發乾酵母

可直接與其他材料混合使用，開封後必須冷藏保存。

砂糖

顆粒細小，易於融化在液體中。

鳴謝：

PRÉSIDENT

黃砂糖

顆粒較粗，呈淡褐色，主要成份為蔗糖，保留天然蔗糖的甜味。

黑糖

營養價值較高，色澤呈深啡色，因被稱為黑糖。

楓糖漿

由糖楓樹的樹液提煉而成，具獨特風味與香氣。

珍珠糖

由甜菜根提煉而成的珍珠糖甜度較低，其獨特的結晶方式在烘烤過程中不會完全融化。

糖霜

將砂糖磨成粉末狀再與玉米粉混合而成。

入爐朱古力粒

甜度較低，可高溫烘烤，不容易融化。

食用裝飾糖珠

用於糕點面作裝飾。

乾果

製作麵包糕點常用的材料之一。

總統牌無鹽牛油

100% 純牛油，濃郁幼滑、不含植物油及防腐劑，適合用作烤焗材料，營造濃郁幼滑口感。

總統牌淡忌廉

100% 純忌廉製造，能提升所有食材的味道；也可以作裝飾甜品或當成餡料，營造難忘的幼滑口感。

魚膠片

由動物皮或魚骨中提煉出來的膠質，使用前浸泡冷開水至軟化。

Part 1

下午茶甜品

阿華田一口鬆餅

一口一顆鬆餅，轉瞬間就把一大盤吃掉了！阿華田的濃濃香味，實在太可口了。

格子鬆夫

3 mins
烘烤時間

24 粒
（每粒 8g）

做法

1. 先將材料 (A) （鹽除外）過篩，再與鹽拌勻。

2. 加入冰的牛油，用手將牛油捏碎與材料（A）拌勻，如麵包糠狀。

3. 加入全蛋液拌勻成糰。不要過度翻拌，以免起筋性影響鬆餅口感。

4. 用保鮮紙包好，放進雪櫃冷藏 30 分鐘。

5. 將麵糰分成 24 份 (每份重約 8g)，搓成丸子。

6. 放入格子烤盤中，蓋上蓋子，烘烤 3 分鐘即可。

材料（A）

阿華田	35g
低筋粉	90g
奶粉	5g
泡打粉	2g
鹽	1g
糖霜	30g

材料（B）

全蛋液	25g
無鹽牛油	50g

(牛油必須保持冰凍，不宜使用軟化了的牛油)

朱古力吉士醬水果撻

香濃軟滑的朱古力吉士醬，
配搭任何水果也美味。

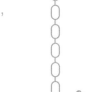

2 mins
烘烤時間

24 個
份量

材料

低筋粉	120g
奶粉	5g
無糖可可粉	5g
無鹽牛油	65g
糖霜	45g
鹽	2g
全蛋液	20g
掃撻黑朱古力	20g

(座熱水至溶化)

做法

1. 牛油、鹽和糖霜攪打至幼滑。
2. 蛋汁分數次加入打勻。
3. 加入已過篩的粉類拌勻成糰。
4. 包上保鮮紙，放入雪櫃冷藏約 15 分鐘。
5. 分成 24 等份 (每份約 10g)，捍成直徑約 4cm 的麵皮。
6. 將麵皮放入烤盤，蓋上蓋子，烘烤 2 分鐘，取出待涼。
7. 撻皮內掃一層黑朱古力漿，待朱古力凝固。
8. 把已煮好的朱古力吉士醬擠入撻皮中，放上各式新鮮水果即成。

朱古力吉士撻材料

鮮奶	100g
淡忌廉	100g
蛋黃	2 顆
砂糖	20g
無糖可可粉	5g
低筋粉	15g
吉士粉	5g

吉士醬做法

1. 除蛋黃外，所有材料拌勻。
2. 慢火邊攪邊煮至微溫，離火。
3. 分次加入蛋黃快手攪拌，再用慢火邊攪邊煮到濃稠，盛起用保鮮紙貼著吉士醬包好 (以防結皮)，待涼後放進雪櫃待用。

鮮奶蛋白撻

非常香滑的蛋白撻，
不喜歡吃蛋黃的可嘗試只用蛋白喔。

迷你撻烤盤

2.5 mins
烘烤時間

24 個
份量

撻皮材料

低筋粉	125g
奶粉	5g
無鹽牛油	65g
糖霜	45g
鹽	2g
全蛋液	20g

做法

1. 牛油、鹽和糖霜攪打至幼滑。
2. 蛋汁分數次加入打勻。
3. 加入已過篩的粉類拌勻成糰。
4. 包上保鮮紙，放入雪櫃冷藏約 15 分鐘。
5. 分成 24 份 (每份約 10g)，捍成直徑約 4cm 的麵皮。
6. 將麵皮放入烤盤，蓋上蓋子，烘烤 1 分鐘，取出待涼。
7. 完成了所有撻皮後，把迷你撻烤盤的上蓋更換成 cupcake 烤盤的上蓋。
8. 重新預熱窩夫機，放入已烤過的撻皮，注入鮮奶蛋白漿約 9 分滿。
9. 蓋上蓋子，烘烤 1 分鐘後關上電源，讓餘溫烤熟鮮奶蛋白漿。 (時間約 1-1.5 分鐘，其間可察看蛋漿情況，若看到蛋漿微微凸起即可取出。)

鮮奶蛋白漿材料

滾水	20g
鮮奶	70g
砂糖	30g
蛋白	105g

(約 3 顆中型雞蛋的蛋白量)

鮮奶蛋白漿材料

1. 滾水加糖拌勻至糖溶化。
2. 加入蛋白拌勻。
3. 加入鮮奶拌勻。
4. 過篩二次備用。

小貼士 預先烤撻皮只需 1 分鐘，因為注入蛋漿後會回烤，所以製作撻皮時間不要過長，以免回烤時撻皮過焦。

黑可可焦糖杏仁撻

撻皮加了黑可可來製作，
甘味香純濃郁。

迷你撻烤盤

2 mins
烘烤時間

24 個
份量

材料

低筋粉	120g
奶粉	5g
黑可可粉	5g
無鹽牛油	65g
糖霜	45g
鹽	2g
全蛋液	20g
掃撻黑朱古力	20g

(座熱水至溶化)

焦糖杏仁材料

原粒杏仁	180g
南瓜籽	30g
砂糖	70g
淡忌廉	50g
水	2 湯匙
無鹽牛油	20g
海鹽	1g

做法

1. 牛油、鹽和糖霜攪打至幼滑。
2. 蛋汁分數次加入打勻。
3. 加入已過篩的粉類拌勻成糰。
4. 包上保鮮紙，放入雪櫃冷藏約 15 分鐘。
5. 分成 24 等份 (每份約 10g)，捍成直徑約 4cm 的麵皮。
6. 將麵皮放入烤盤，蓋上蓋子，烘烤 2 分鐘，取出待涼。
7. 撻皮內掃一層黑朱古力，待朱古力凝固。
8. 把已煮好焦糖杏仁鋪入撻皮中即成。

做法

1. 杏仁跟南瓜籽放入焗爐 150 度烘約 6 分鐘。
   (如果是買了已處理好即食的杏仁與南瓜籽可省去此步驟)
2. 砂糖、水及無鹽牛油放入鍋中，小火加熱，不要攪拌。
   (此其間千萬別攪拌，否則會使砂糖「反砂」而導致失敗)
3. 當砂糖溶化後慢慢會沸騰，冒出大泡泡並開始變焦糖色。
   (溫度約 115 度，沒有溫測器也沒關係，只要看到開始轉焦糖色即可進行下一步)
4. 看到糖漿變焦糖色即關火，倒入淡忌廉拌勻。
5. 倒入已準備好的杏仁及南瓜籽拌勻。
6. 趁熱鋪入撻皮中。

小貼士
焦糖杏仁冷卻後會稍微變硬，
所以最好趁熱鋪入撻皮中。

朱古力吉士醬泡芙圈

可愛的泡芙圈，
填入朱古力吉士醬非常美味。

甜甜圈

6 mins
烘烤時間

24 個
份量

材料

高筋粉 ……………………… 50g
低筋粉 ……………………… 20g
鮮奶 ………………………… 100g
全蛋液 ……………………… 120g
黃砂糖 ……………………… 5g
鹽 …………………………… 2g
無鹽牛油 …………………… 50g

做法

1. 牛油、鮮奶、糖、鹽放入鍋中煮沸，離火。
2. 將已過篩的粉類一次過倒入快速攪拌，開慢火繼續攪拌至麵糰有少許黏底離火。
3. 蛋預先打散，分數次慢慢加入，每一次加入都要攪拌均勻才加下一次的蛋液。
4. 加至麵糊呈現倒三角形緩慢流下的程度即可。麵糊倒入擠袋中。
5. 預熱窩夫機。擠入適量麵糊，蓋上蓋子，烘烤約 6 分鐘。
6. 完成後的泡夫會呈中空狀態，橫切開，擠上朱古力吉士醬即可。

朱古力吉士醬

鮮奶 ……………………………… 100g
淡忌廉 …………………………… 100g
無糖可可粉 ……………………… 15g
低筋粉 …………………………… 16g
黃砂糖 …………………………… 20g
蛋黃 ……………………………… 2 顆

做法

1. 除蛋黃外，所有材料拌勻。
2. 慢火邊攪邊煮至微溫，離火。
3. 分次加入蛋黃快手攪拌，再用慢火邊攪邊煮到濃稠，盛起用保鮮紙貼著吉士醬包好 (以防結皮)，待涼後放進雪櫃待用。

杏仁甜甜圈

沾上糖漿的杏仁甜甜圈特別
香濃甜蜜。

3 mins
烘烤時間

18 個
份量

材料

低筋粉	100g
杏仁粉	20g
泡打粉	3g
鮮奶	50g
全蛋液	55g
三溫糖	35g
鹽	1g
無鹽牛油	18g

配料

杏仁粒 (烘香備用)	30g
糖霜	30g
無鹽牛油	5g
水	10g

配料做法

1. 糖霜加水拌勻,加入牛油,座熱水
   至牛油及糖溶化,備用。

做法

1. 全蛋、三溫糖、鹽子鮮奶拌勻至糖
   融化。
2. 加入已過篩的粉類拌勻。
3. 加入牛油溶液拌勻。
4. 然後蓋上保鮮紙靜止約 30 分鐘。
5. 將麵糊裝入擠花袋中。
6. 擠入烤盤中,蓋上蓋子,烘烤 3 分
   鐘即可。
7. 待涼後沾上糖漿再黏些杏仁粒即
   可。

焦糖咖啡甜甜圈

配以一杯香濃咖啡，最佳享受。

3 mins
烘烤時間

18 個
份量

材料

低筋粉	100g
泡打粉	3g
鮮奶	55g
特濃即溶咖啡粉	5g
全蛋液	35g
焦糖奶油漿	30g
黃砂糖	25g
鹽	1g
無鹽牛油	18g

焦糖咖啡甜甜圈做法

1. 全蛋、黃砂糖、鹽拌勻至糖融化。
2. 加入鮮奶、特濃即溶咖啡粉及焦糖奶油漿拌勻。
3. 加入已過篩的粉類拌勻。
4. 加入牛油溶液拌勻。
5. 然後蓋上保鮮紙靜止約 30 分鐘。
6. 將麵糊裝入擠花袋中。
7. 擠入烤盤中，蓋上蓋子，烘烤 3 分鐘即可。
8. 待涼後可沾上焦糖漿及撒少許堅果仁更佳。

焦糖奶油漿材料

淡忌廉	125g
砂糖	80g
水	3 湯匙
海鹽	2g

焦糖奶油漿材料做法

1. 砂糖、水放入鍋中，小火加熱，不要攪拌。(此其間千萬別攪拌，否則會使砂糖「反砂」而導致失敗)
2. 此時可在另一鍋中加入淡忌廉及海鹽慢火煮滾備用。
3. 當砂糖溶化後慢慢會沸騰，冒出大泡泡並開始變焦糖色。
   (此時才可以攪拌，讓焦糖均勻。)
4. 看到糖漿變焦糖色即可關火，倒入淡忌廉快手拌勻。

蘋果撻

煮過的蘋果加少許玉桂是
特別好吃的。

撻皮烤盤

2 mins
烘烤時間

4 件
份量

撻皮材料

低筋粉	70g
無鹽牛油 (室溫放軟)	35g
全蛋	10g
糖霜	25g
鹽	1g

撻皮做法

1. 牛油、鹽和糖霜攪打至幼滑。
2. 蛋汁分數次加入拌勻。
3. 加入已過篩的粉類拌勻成糰。
4. 包上保鮮紙,放入雪櫃冷藏約 15 分鐘。
5. 分成 4 等份,捍成烤模的大小。
6. 將麵皮放入烤盤,蓋上蓋子,烘烤 2 分鐘,取出待涼。
7. 加入餡料,然後舖上蘋果片。
8. 放進已預熱焗爐180度焗約10-13分鐘即成。
9. 隨喜掃上楓糖漿

餡料

蘋果粒	200g
黑提子乾	15g
無鹽牛油	25g
三溫糖	25g
水	25g
玉桂粉	1/2 茶匙
舖面蘋果	20 片 (約 40g)
掃面楓糖漿	少許 (隨喜)

餡料做法

1. 蘋果粒、黑提子乾、牛油、三溫糖及水放入鍋中。
2. 慢火煮至蘋果稔身及金黃色,最後加入玉桂粉拌勻,離火放涼。

香橙撻

清新甜蜜，香氣洋溢。

撻皮烤盤

3.5-4 mins
烘烤時間

4 件
份量

撻皮材料

低筋粉	70g
無鹽牛油 (室溫放軟)	35g
全蛋	10g
糖霜	25g
鹽	1g
掃撻皮白朱古力 (座熱水至溶化)	20g

鮮橙餡

新鮮橙汁	115g
橙皮 (鮮橙的橙色部份)	1 小匙
三溫糖	30g
全蛋	50g
魚膠片	2.5g
粟粉 (加一小匙冷開水拌勻備用)	1 小匙

撻皮做法

1. 牛油、鹽和糖霜攪打至幼滑。
2. 蛋汁分數次加入拌勻。
3. 加入已過篩的粉類拌勻成糰。
4. 包上保鮮紙，放入雪櫃冷藏約 15 分鐘。
5. 分成 4 等份，捏成烤模的大小。
6. 將麵皮放入烤盤，蓋上蓋子，烘烤 3.5-4 分鐘，取出待涼。
7. 撻皮內掃一層白朱古力，待朱古力凝固。
8. 把已煮好的鮮橙餡倒入撻皮中，放進雪櫃冷藏 1 小時以上。

鮮橙餡做法

1. 榨取新鮮橙汁 115g 備用。
2. 橙汁加入三溫糖、全蛋拌勻。
3. 拌勻後用慢火一邊煮一邊攪拌至微滾起，加入粟粉水煮至鮮橙餡濃稠即離火，然後加入已浸軟的魚膠片攪拌至魚膠片溶化。
4. 加入橙皮拌勻。

芒果布丁撻

香脆的撻皮，軟滑的芒果布丁，
回味無窮。

撻皮烤盤

3.5-4 mins
烘烤時間

4 件
份量

撻皮材料

低筋粉	70g
奶粉	5g
無鹽牛油 (室溫放軟)	35g
全蛋	10g
糖霜	25g
鹽	1g
掃撻皮白朱古力 (座熱水至溶化)	20g

撻皮做法

① 牛油、鹽和糖霜攪打至幼滑。

② 蛋汁分數次加入拌勻。

③ 加入已過篩的粉類拌勻成糰。

④ 包上保鮮紙，放入雪櫃冷藏約 15 分鐘。

⑤ 分成 4 等份，捍成烤模的大小。

⑥ 將麵皮放入烤盤，蓋上蓋子，烘烤 3.5-4
分鐘，取出待涼。

⑦ 撻皮內掃一層白朱古力，待朱古力凝固。

⑧ 把芒果布丁餡倒入撻皮中，放進雪櫃冷藏
1 小時以上。

⑨ 冷藏完成後隨喜加上新鮮芒果粒享用。

芒果布丁餡

鮮奶	50g
淡忌廉	50g
三溫糖	20g
新鮮芒果泥	80g
魚膠片	2.5g

芒果布丁餡做法

① 芒果起肉，放進攪拌器攪打成芒果泥備用。

② 鮮奶、淡忌廉、糖放入鍋中拌勻，慢火煮
至糖溶化離火，加入已浸軟的魚膠片拌勻
至魚膠片溶化。

③ 加入芒果泥拌勻。

朱古力夾心蛋糕

烘烤後朱古力在蛋糕內溶化，
香濃好滋味。

飛碟烤盤

4 mins
烘烤時間

4 件
份量

材料

低筋粉	90g
無糖可可粉	10g
泡打粉	3g
鮮奶	65g
全蛋	55g
三溫糖	30g
鹽	1g
無鹽牛油	30g

夾餡

入爐朱古力片	40g

做法

1. 牛油、三溫糖攪打至糖溶化。
2. 加入全蛋液及鮮奶拌勻。
3. 加入已過篩的粉類拌勻。
4. 蓋好靜止 30 分鐘。
5. 加入麵糊至 5 分滿，然後放上朱古力片，再加入麵糊至蓋過朱古力，蓋上蓋子，烘烤 4 分鐘。

Part
2

優雅意法甜點

阿華田慕斯撻

涼浸浸的阿華田慕斯內餡，
配上點點新鮮水果，
在炎炎夏日細嚐馬上消暑！

撻皮烤盤

3.5-4 mins
烘烤時間

4 件
份量

撻皮材料

阿華田	15g
低筋粉	65g
奶粉	5g
無鹽牛油 (牛油室溫放軟)	35g
全蛋	10g
糖霜	18g
鹽	1g
黑朱古力	20g

（座熱水至溶化，作掃撻皮備用）

阿華田慕斯餡材料

阿華田	60g
黑朱古力	20g
淡忌廉	80g
鮮奶	40g
砂糖	10g
魚膠片	2g

慕斯餡做法

1. 淡忌廉打起至紋路清晰可見。
2. 黑朱古力、鮮奶、阿華田及砂糖倒進鍋中，慢火加熱至朱古力溶化，加入已浸軟的魚膠片拌勻。
3. 朱古力漿稍為放涼，再加入淡忌廉拌勻。

撻皮做法

1. 牛油、鹽和糖霜攪打至幼滑。
2. 蛋汁分數次加入拌勻。
3. 加入已過篩的阿華田、低筋粉、奶粉拌勻成糰。
4. 包上保鮮紙，放入雪櫃冷藏約 15 分鐘。
5. 分成 4 等份，擀成烤模的大小。
6. 將麵皮放入烤盤，蓋上蓋子，烘烤 3.5 至 4 分鐘，取出待涼。
7. 撻皮內掃一層黑朱古力，待朱古力凝固。
8. 把阿華田慕斯餡倒入撻皮中，放進雪櫃冷藏一小時以上。
9. 冷藏完成後隨喜好加入新鮮水果享用。

Tiramisu 撻

傳說提拉米蘇有一種意思是
「帶我走」，帶走的不只是美味，
還有愛和幸福。
讓提拉米蘇烤製成可愛的迷你撻，
把愛和幸福送給親朋至愛吧。

2 mins
烘烤時間

24 個
份量

撻皮材料

低筋粉	120g
特濃即溶咖啡粉	5g
奶粉	5g
無鹽牛油	65g
糖霜	45g
鹽	2g
蛋黃	1 顆

做法

1. 牛油、鹽和糖霜攪打至幼滑。
2. 蛋黃打散分數次加入打勻。
3. 加入已過篩的粉類拌勻成糰。
4. 包上保鮮紙，放入雪櫃冷藏約 15 分鐘。
5. 分成 24 等份 (每份約 10g)，捍成直徑約 4cm 的麵皮。
6. 將麵皮放入烤盤，蓋上蓋子，烘烤 2 分鐘，取出待涼。
7. 倒入軟芝士餡，放進雪櫃冷藏 1 小時。
8. 完成後撒上可可粉即成。

飾面

可可粉	適量

軟芝士餡材料

意大利軟芝士	75g
淡忌廉	100g
砂糖	16g
全蛋液	30g
魚膠片	4g
冷開水	20g

做法

1. 淡忌廉打起備用。(打至呈軟雪糕狀即可)
2. 蛋和糖打至奶白色 (座熱水，用電動打蛋器快速攪打)，魚膠片浸軟後放進冷開水中座熱水至溶化，加入少量蛋漿攪勻。
3. 軟芝士加進餘下的蛋漿拌勻，加入淡忌廉拌勻。
4. 重新攪拌魚膠蛋漿，加進 (3) 中拌勻。

小貼士 餡料應在完成撻皮時製作。

心太軟朱古力撻

不一樣的心太軟，
多一層撻皮，多一重味覺享受。

迷你撻烤盤

迷你撻烤盤

3 mins
烘烤時間

24 個
份量

撻皮材料

低筋粉	120g
奶粉	5g
無糖可可粉	5g
無鹽牛油	65g
糖霜	45g
鹽	2g
全蛋液	20g

朱古力麵糊材料

黑朱古力	63g
無鹽牛油	32g
淡忌廉	32g
全蛋	70g
蛋黃	13g
砂糖	20g
低筋粉	32g

做法

1. 牛油、鹽和糖霜攪打至幼滑。
2. 蛋汁分數次加入打勻。
3. 加入已過篩的粉類拌勻成糰。
4. 包上保鮮紙，放入雪櫃冷藏約 15 分鐘。
5. 分成 24 份 (每份約 10g)，捍成直徑約 4cm 的麵皮。
6. 將麵皮放入烤盤，蓋上蓋子，烘烤 1 分鐘，取出待涼。
7. 倒入朱古力麵糊，放進雪櫃冷藏 1 小時以上。
8. 窩夫機更換 cupcake 烤盤上蓋，預熱。
9. 放入朱古力撻，烘烤 2 分鐘即可。(看到朱古力表面凝固)

做法

1. 全蛋液、蛋黃液、砂糖拌勻。
2. 朱古力、牛油、淡忌廉座熱水至溶化。
3. 蛋液倒入步驟 (2) 拌勻。
4. 加入低筋粉拌勻。

小貼士　黑朱古力濃度可隨喜好轉換。當看到朱古力麵糊表面已凝固即可取出。如果烤烘時間太久會變實心的喔。

小貼士　預先烤撻皮只需 1 分鐘，因為注入朱古力麵糊後會回烤，所以製作撻皮時間不要過長，以免回烤時撻皮過焦。

朱古力榛子醬
千層蛋糕

一層一層的疊上，即可簡易完成
好吃好看的裝飾蛋糕，
雪凍後品嚐最佳。

1 mins
烘烤時間

30 片
(每 15 片一組)
份量

可麗餅皮材料

低筋粉	55g
無糖可可粉	5g
全蛋	82g
黃砂糖	10g
鮮奶	180g
葡萄籽油	15g

朱古力榛子醬忌廉材料：(拌勻打起備用。)

淡忌廉	50g
甜忌廉	100g
朱古力榛子醬	50g

飾面：(隨喜裝飾)

甜忌廉
朱古力榛子醬

做法

1. 低筋粉、可可粉及黃砂糖拌勻，加入全蛋及鮮奶拌勻。
2. 最後加入葡萄籽油拌勻，將麵漿過篩。
3. 預熱窩夫機，倒入適量麵糊 (約 1.5 湯匙)，煎約 1 分鐘即可取出。
4. 可麗餅皮抹上適量朱古力榛子醬忌廉，一層一層疊上。
5. 完成後隨喜作裝飾，放進雪櫃冷凍 1 小時上。

朱古力榛子醬捲餅

烤好的可麗餅皮捲著香濃的榛子
朱古力醬，份外滋味。

1 mins
烘烤時間

16片
份量

可麗餅皮材料

低筋粉	40g
全蛋	55g
黃砂糖	7g
鮮奶	120g
葡萄籽油	8g

配料

榛子朱古力醬	適量

做法

1. 低筋粉及黃砂糖拌勻，加入全蛋及鮮奶拌勻。
2. 最後加入葡萄籽油拌勻，將麵漿過篩。
3. 預熱窩夫機，倒入適量麵糊 (約 1.5 湯匙)，煎約 1 分鐘即可取出。
4. 可麗餅皮抹上適量榛子朱古力醬捲起即成。

瑪德蓮

3 mins
烘烤時間

24 個
份量

杏仁咖啡瑪德蓮

咖啡味中有著淡淡的杏仁香,
越嚼越好吃。

皮材料

低筋粉	80g
杏仁粉	20g
泡打粉	2g
特濃即溶咖啡粉	5g
鮮奶	45g
三溫糖	30g
岩鹽	1g
全蛋液	30g
無鹽牛油	40g

做法

1. 無鹽牛油隔熱水座至融化備用。
2. 全蛋、三溫糖、鹽及鮮奶拌勻至糖融化。
3. 加入已過篩的粉類拌勻。
4. 加入已融化的無鹽牛油拌勻。
5. 然後蓋上保鮮紙靜止約 30 分鐘。
6. 將麵糊裝入擠花袋中。
7. 擠入烤盤中,蓋上蓋子,烘烤 3 分鐘即可。

楓糖瑪德蓮

帶著楓糖獨特的味道，甜而不膩。

瑪德蓮

3 mins
烘烤時間

24 個
份量

材料

低筋粉	90g
泡打粉	2g
楓糖漿	45g
水	10g
三溫糖	20g
岩鹽	1g
全蛋液	30g
無鹽牛油	40g

做法

1. 無鹽牛油隔熱水座至融化備用。
2. 全蛋、三溫糖、鹽及楓糖漿拌勻至糖融化。
3. 加入已過篩的粉類拌勻。
4. 加入已融化的無鹽牛油拌勻。
5. 然後蓋上保鮮紙靜止約 30 分鐘。
6. 將麵糊裝入擠花袋中。
7. 擠入烤盤中，蓋上蓋子，烘烤 3 分鐘即可。

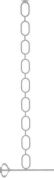

檸檬瑪德蓮

檸檬醒神清新，刺激味蕾。

3 mins
烘烤時間

24 個
份量

材料

低筋粉	90g
泡打粉	2g
新鮮檸檬汁	25g
水	20g
三溫糖	35g
岩鹽	1g
全蛋液	30g
無鹽牛油	40g
檸檬青 (檸檬黃色皮部份)	1 茶匙

做法

1. 無鹽牛油隔熱水座至融化備用。
2. 全蛋、三溫糖、鹽、檸檬汁及水拌勻至糖融化。
3. 加入已過篩的粉類拌勻。
4. 加入已融化的無鹽牛油及檸檬青拌勻。
5. 然後蓋上保鮮紙靜止約 30 分鐘。
6. 將麵糊裝入擠花袋中。
7. 擠入烤盤中，蓋上蓋子，烘烤 3 分鐘即可。

玉桂可可酥皮圈

輕鬆製作酥皮圈，簡易步驟，
好看好吃。

甜甜圈

7 mins
烘烤時間

12 個
份量

材料

現成酥皮 ⋯⋯⋯⋯⋯⋯⋯ 1 張
(18cm x 20cm)
全蛋液 ⋯⋯⋯⋯⋯⋯⋯⋯ 少許

配料

玉桂粉 ⋯⋯⋯⋯⋯⋯⋯ 1 茶匙
砂糖 ⋯⋯⋯⋯⋯⋯⋯⋯ 2 茶匙
可可粉 ⋯⋯⋯⋯⋯⋯⋯ 1/3 茶匙

做法

1. 玉桂粉、砂糖、可可粉拌勻備用。
2. 酥皮分割成 36 等份長麵條。
3. 掃上全蛋液，舖上配料。
4. 然後每 3 份麵條為一組，扭成麻花狀，頭尾捏緊。
5. 預熱窩夫機。放入酥皮圈，蓋上蓋子，烘烤 6-7 分鐘至酥皮圈金黃色即可。

麵包布丁

麵包皮或吃剩的麵包搖身
一變成美味點心。

正方飛碟烤盤

2-2.5 mins
烘烤時間

2 件
份量

材料

麵包皮 (或吃剩的麵包)	35g
雞蛋	1 顆
黃砂糖	1 茶匙
鮮奶	100g
任何果乾	25g

麵皮做法

1. 麵包皮切粒。
2. 鮮奶、蛋、黃砂糖拌勻至糖溶化，過篩。
3. 加入麵包粒及果乾拌勻。
4. 預熱窩夫機。在烤盤上舖上烘焙紙，倒入已拌勻好的麵包蛋液，蓋上蓋子烘烤 2-2.5 分鐘。
5. 烤好的麵包布丁隨喜撒上糖霜或玉桂粉品嚐。

甜甜可口窩夫餅

小麥胚芽心型窩夫

小麥胚芽健康之選。

3-4 mins
烘烤時間

8 個
份量

材料

低筋粉	120g
小麥胚芽	15g
泡打粉	3g
鮮奶	135g
鹽	1g
三溫糖	25g
全蛋液	35g
葡萄籽油	20g

做法

1. 全蛋、砂糖、鮮奶拌勻至糖融化。
2. 加入已過篩的粉類拌勻。
3. 加入葡萄籽油拌勻。
4. 然後蓋上保鮮紙靜止約 30 分鐘。
5. 倒入適量麵糊，待看到氣泡冒出，
   蓋上蓋子，烘烤 3-4 分鐘即可。

柚子蜜心型窩夫

柚子蜜的香氣會令您一口接一口。

3-4 mins
烘烤時間

8 個
份量

材料

低筋粉	120g
泡打粉	3g
水	110g
鹽	1g
三溫糖	15g
全蛋液	35g
柚子蜜	38g
葡萄籽油	20g

做法

1. 全蛋、三溫糖、鹽及水拌勻至糖融化。
2. 加入柚子蜜拌勻。
3. 加入已過篩的粉類拌勻。
4. 加入葡萄籽油拌勻。
5. 然後蓋上保鮮紙靜止約 30 分鐘。
6. 倒入適量麵糊,待看到氣泡冒出,蓋上蓋子,烘烤 3-4 分鐘即可。

椰香心型窩夫

每一口都充滿椰香的甜心窩夫。

心型窩夫烤盤

3-4 mins
烘烤時間

8 個
份量

材料

低筋粉	120g
泡打粉	3g
椰絲	20g
鮮奶	100g
鹽	1g
砂糖	25g
全蛋液	35g
椰漿	40g
葡萄籽油	20g

做法

1. 全蛋、砂糖、鹽、椰漿及鮮奶拌勻至糖融化。
2. 加入已過篩的粉類及椰絲拌勻。
3. 加入葡萄籽油拌勻。
4. 然後蓋上保鮮紙靜止約 30 分鐘。
5. 倒入適量麵糊，待看到氣泡冒出，蓋上蓋子，烘烤 3-4 分鐘即可。

竹炭黑芝麻心型窩夫

芝麻香濃，沾些白朱古力，
形成大對比，好吃好看。

3-4 mins
烘烤時間

8 個
份量

材料

低筋粉	115g
食用竹炭粉	2g
泡打粉	3g
無糖黑芝麻醬	10g
黑芝麻粒	10g
鮮奶	135g
鹽	1g
砂糖	25g
全蛋液	35g
葡萄籽油	20g

做法

1. 全蛋、砂糖、鮮奶拌勻至糖融化。
2. 加入已過篩的粉類及黑芝麻醬拌勻。
3. 加入葡萄籽油及黑芝麻粒拌勻。
4. 然後蓋上保鮮紙靜止約 30 分鐘。
5. 倒入適量麵糊，待看到氣泡冒出，蓋上蓋子，烘烤 3-4 分鐘即可。

甜薯 Q 軟一口窩夫

剛烤起外脆內心 QQ 軟軟的，
還有著香濃的烤蕃薯味道喔。

3 mins
烘烤時間

40 粒
份量

材料

黃心蕃薯	200g
白玉粉	30g
木薯粉	15g
太白粉	20g
低筋粉	30g
三溫糖	15g
鹽	1g
鮮奶	20g

做法

1. 黃蕃薯隔水蒸約 10 分鐘，趁熱用叉子壓成泥。
2. 加入所有材料搓揉成糰。
3. 分割 40 份，每份約 8g，搓成丸子。
4. 預熱窩夫機，放上丸子，蓋上蓋子，烘烤 3 分鐘。

蜜漬橙皮朱古力窩夫

朱古力濃郁豐厚，蜜漬橙皮甘甜，
香氣在口腔久久不散。

4 - 4.5 mins
烘烤時間

4 片
份量

材料

低筋粉	115g
無糖可可粉	15g
泡打粉	4g
鮮奶	80g
淡忌廉	30g
鹽	1g
黃砂糖	50g
全蛋液	55g
無鹽牛油 (坐熱水至溶化)	25g
黑朱古力片	25g
蜜漬橙皮丁	30g

做法

1. 牛油加黑朱古力片座熱水至溶化備用。
2. 全蛋、黃砂糖、鮮奶及淡忌廉拌勻至糖溶化。
3. 加入已過篩的粉類拌勻。
4. 最後加入朱古力牛油溶液及蜜漬橙皮丁拌勻，蓋上靜止 30 分鐘。
5. 倒入適量麵糊，待看到氣泡冒出，蓋上蓋子，烘烤 4 - 4.5 分鐘即可。

黑糖蜜薑窩夫

黑糖蜜薑意想不到的美味。

格子窩夫烤盤

4 - 4.5 mins
烘烤時間

4 片
份量

材料

低筋粉	135g
泡打粉	4g
水	115g
全蛋液	55g
鹽	1g
黑糖	50g
葡萄籽油	20g
蜜漬薑塊 (切粒)	30g

做法

1. 黑糖、全蛋、水拌勻至糖溶化。

2. 加入已過篩的粉類拌勻。

3. 加入葡萄籽油及蜜漬薑粒拌勻,蓋上靜止
   30 分鐘。

4. 倒入適量麵糊,待看到氣泡冒出,蓋上蓋
   子,烘烤 4 - 4.5 分鐘即可。

Part
4

簡便輕食料理

蘑菇蛋餃

蛋皮製作的餃子，好看又好吃。

8 mins
烘烤時間

12 件
份量

蛋皮材料

雞蛋	4 顆
鹽	少許

配料

蘑菇	150g
洋蔥	1/3 個
無鹽牛油	8g
胡椒粉	少許
鹽	少許

做法

1. 先將蘑菇切片，洋蔥切粒。
2. 燒熱平底鍋不需加油，放入蘑菇片，炒至蘑菇軟身盛起。
3. 平底鍋加入牛油，下洋蔥炒香，下蘑菇片一起伴炒，下調味炒勻盛起備用。
4. 雞蛋打散。
5. 預熱窩夫機後，掃少許油，倒入適量蛋液，加入炒好的蘑菇。
6. 將蛋皮對摺起成蛋餃，煎至金黃即成。

班戟烤盤

3-4 mins
烘烤時間

12片
份量

雜菜煎餅

孩子不愛吃蔬菜？來個蔬菜煎餅，
讓孩子從此愛上蔬菜吧。

粉漿材料

低筋粉	100g
粟粉	5g
水	160g
雞蛋	110g

調味料

麻油	1 湯匙
辣椒粉	少許
鹽	1/2 茶匙
胡椒粉	少許

配料

椰菜	100g
紫洋蔥	40g
韭菜	50g
紅蘿蔔	30g
彩椒	60g
蔥	少許
蒜泥	1 小匙

做法

1. 把配料切成小段備用。
2. 低筋粉過篩，加入雞蛋攪拌，分次加入水拌勻至沒粉粒。
3. 加入調味料拌勻
4. 把配料加入粉漿內拌勻。
5. 預熱窩夫機，掃少許油，放入適量的配料粉漿，蓋上蓋子烘 3-4 分鐘即成。

10 mins
烘烤時間

1 份
份量

飯漢堡

吃不完的隔夜飯，來個大變身。

材料

白飯	250g
燒汁	適量

配料

雞扒肉	90g
蕃茄	2 片
紫洋蔥	適量

雞扒肉調味料

麻油	少許
生抽	少許
胡椒粉	少許
糖	少許
生粉	少許

做法

1. 先將雞扒肉剁成肉餅，加入調味拌勻，在窩夫機煎熟備用。

2. 白飯分成 2 等份，用保鮮紙包起，用手把白飯捏成有黏度，整形成圓餅狀。

3. 預熱窩夫機後，掃少許油，放上白飯糰，蓋上蓋子，烘烤 3 分鐘。

4. 掃一層薄薄的燒汁，反轉另一面同樣掃上燒汁，蓋上蓋子繼續烘烤 3 分鐘。

5. 完成取出飯糰。

6. 接著掃少許油，放上雞肉餅，蓋上蓋子烘烤約 4 分鐘。

7. 把飯糰夾上雞肉餅，再放入配料即成。

班戟烤盤

4 mins
烘烤時間

2 份
份量

香蔥烤麵餅

完成的麵餅脆卜卜的，可直接當零食，也可伴濃湯吃喔。

材料

生麵	....	1 個

調味

鹽	....	適量
麻油	....	2 茶匙

配料

蔥花	....	2 湯匙
櫻花蝦	....	適量

做法

1. 先將生麵放入鍋中煮熟，盛起瀝乾水。
2. 用剪刀稍微剪碎，拌入調味及配料。
3. 預熱窩夫機後，將拌好的麵分 2 份放入烤盤中，蓋上蓋子，烘烤 4 分鐘即成。

香草芝士烤薯餅

非常惹味的薯餅，
剛烤起還脆脆的喔。

心型窩夫烤盤

5 mins
烘烤時間

6 個
份量

材料

低筋粉	30g
水	30g
薯仔	300g
雞蛋	2 顆
芝士絲	35g

調味

鹽	2g
黑胡椒	少許
百里香草乾	1/2 茶匙
紅椒粉	1/2 茶匙

做法

1. 薯仔刨絲備用。
2. 雞蛋、水及調味料拌勻。
3. 加入已過筋的低筋粉拌勻。
4. 加入薯仔絲及芝士絲拌勻。
5. 預熱窩夫機，掃少許油，倒入適量薯絲麵漿。

6. 蓋上蓋子，烘烤約 5 分鐘。

香蔥肉鬆鹹蛋糕

不想吃甜的蛋糕，香蔥加肉鬆烤的
鹹蛋糕您一定會愛上。

5 mins 烘烤時間

1 份 份量

材料

低筋粉	130g
泡打粉	3g
全蛋	55g
鮮奶	90g
三溫糖	15g
岩鹽	1g
葡萄籽油	10g

配料

豬肉鬆	15g
蔥花	適量

做法

1. 全蛋、糖、鹽及鮮奶拌勻。
2. 加入已過篩的粉類拌勻。
3. 加入葡萄籽油拌勻，蓋上靜止 30 分鐘。
4. 預熱窩夫機，倒入適量麵糊，舖上肉鬆及蔥花，再倒入餘下的麵糊蓋過配料。
5. 蓋上蓋子，烘烤 5 分鐘。
6. 完成後切件即可。

香蔥芝麻烤餅

外皮酥脆，蔥香芝麻香，
特別香口。

7 mins
烘烤時間

2 份
份量

麵糰材料		配料	
中筋粉	200g	蔥花	大半碗
溫水	120g	黑、白胡椒各	適量
速發乾酵母 (Instant Yeast)	2g	黑、白芝麻各	適量
黃砂糖	10g	鹽	少許
岩鹽	2g		
橄欖油	10g		

做法

1. 所有麵糰材料拌勻，搓揉成光滑不黏手麵糰。
   約搓揉 5 分鐘即可。
2. 麵糰滾圓放回盆中，蓋好發酵至兩倍大。
3. 完成發酵後輕壓麵糰排出空氣，分 2 等份滾顆
   鬆弛 10 分鐘。
4. 用麵棍捍開成一張大麵皮。
5. 掃少許橄欖油，舖上配料。
6. 用割麵刀在麵皮上割一刀，然後從刀口開始沿
   著麵皮捲起成三角圓椎體。
7. 垂直三角圓椎體麵糰，從上壓向下，再用麵棍
   捍開。
8. 掃少許橄欖油，撒上黑、白芝麻，最後發酵 15
   分鐘。
9. 預熱窩夫機，掃少許橄欖油，放入麵皮蓋上蓋
   子，烤約 7 分鐘。
10. 完成後切件即可。

菠菜煙肉撻

吃膩了甜，來試試煙肉與菠菜帶出
的鹹香惹味吧。

撻皮烤盤

2 mins
烘烤時間

6 件
份量

撻皮材料

低筋粉	110g
菠菜粉	5g
無鹽牛油 (室溫放軟)	60g
全蛋	20g
糖霜	15g
鹽	3g

餡料

新鮮菠菜	5 棵
全蛋	55g
鮮奶	25g
濃忌廉	35g
洋蔥 (切粒)	1/4 個
煙肉 (切粒)	3 片
水牛芝士	60g

撻皮做法

1. 牛油、鹽和糖霜攪打至幼滑。
2. 蛋汁分數次加入拌勻。
3. 加入已過篩的粉類拌勻成糰。
4. 包上保鮮紙，放入雪櫃冷藏約 15 分鐘。
5. 分成 6 等份，捍成烤模的大小。
6. 將麵皮放入烤盤，蓋上蓋子，烘烤 2 分鐘，取出待涼。
7. 加入餡料，然後舖上水牛芝士。
8. 放進已預熱焗爐 180 度焗約 12 分鐘即成。

餡料做法

1. 菠菜洗淨，燒滾水稍微煮至軟身盛起，隨即放入冰水中浸泡數分鐘，渣乾水，切小段備用。
2. 燒熱鍋，不需下油，下煙肉粒炒香，下洋蔥同炒至洋蔥軟身盛起備用。
3. 鮮奶、濃忌廉及雞蛋拌勻，加入步驟 1) 和 2) 拌勻備用。

南瓜撻

滿滿的南瓜香，一試難忘。

撻皮烤盤

2 mins
烘烤時間

6 件
份量

撻皮材料

低筋粉	110g
南瓜粉	5g
無鹽牛油 (牛油室溫放軟)	60g
全蛋	20g
糖霜	15g
鹽	3g

調味

黑胡椒	少許
芝士粉	少許 (撒面用)

餡料

南瓜	200g
紫洋蔥	1/4 個
煙肉	1 片
全蛋	55g
鮮奶	70g

撻皮做法

1. 牛油、鹽和糖霜攪打至幼滑。
2. 蛋汁分數次加入拌勻。
3. 加入已過篩的粉類拌勻成糰。
4. 包上保鮮紙，放入雪櫃冷藏約 15 分鐘。
5. 分成 6 等份，捍成烤模的大小。
6. 將麵皮放入烤盤，蓋上蓋子，烘烤 2 分鐘，取出待涼。
7. 加入餡料，然後舖上連皮南瓜，撒少芝士粉。
8. 放進已預熱焗爐 180 度焗約 10 分鐘即成。

餡料做法

1. 先取 120g 南瓜去皮，剩下 80g 南瓜連皮切成小件。一同放入鍋中蒸熟。連皮小件的蒸 5 分鐘後取出，去皮的蒸約 10 分鐘。
2. 把已蒸熟沒皮的南瓜放入攪拌器中，加入鮮奶攪打成南瓜糊。
3. 完成後加入雞蛋拌勻。
4. 煙肉切粒，紫洋蔥切粒。
5. 燒熱鍋，不需下油，加入煙肉粒炒香，加入紫洋蔥粒同炒，下黑胡椒炒勻盛起，倒入南瓜糊中拌勻備用。

粟米雞丁撻

像雞批卻多重香濃的粟米香氣。

撻皮烤盤

2 mins
烘烤時間

6 件
份量

撻皮材料

低筋粉	110g
粟米粉	5g
無鹽牛油 (室溫放軟)	60g
全蛋	20g
糖霜	15g
鹽	3g

餡料

全蛋	55g
鮮奶	35g
淡忌廉	25g
粟米粒 (打蓉)	85g
粟米粒 (原粒)	15g
洋蔥 (切粒)	1/3 個
雞扒肉 (切粒)	200g

餡料做法

1. 雞扒肉切粒,加入調味料拌勻。
2. 燒熱鍋,下少許油,下雞肉粒炒熟盛起。
3. 粟米粒、鮮奶、淡忌廉用攪拌器攪打成粟米糊。
4. 加雞蛋及洋蔥粒拌勻備用。

雞扒肉調味

鹽	1/4 茶匙
糖	1/4 茶匙
生抽	1 茶匙
生粉	1/2 茶匙
胡椒粉	少許
麻油	1/2 茶匙

撻皮做法

1. 牛油、鹽和糖霜攪打至幼滑。
2. 蛋汁分數次加入拌勻。
3. 加入已過篩的粉類拌勻成糰。
4. 包上保鮮紙,放入雪櫃冷藏約 15 分鐘。
5. 分成 6 等份,捍成烤模的大小。
6. 將麵皮放入烤盤,蓋上蓋子,烘烤 2 分鐘,取出待涼。
7. 加入餡料,然後舖上雞肉粒及粟米粉。
8. 放進已預熱焗爐 180 度焗約 10 分鐘即成。

Part
5

自家日式口味

南瓜鯛魚燒

內餡是軟滑香濃的南瓜吉士醬，
營養滿分。

鯛魚燒烤盤

3.5 - 4 mins
烘烤時間

8 個
份量

材料

低筋粉	100g
南瓜粉	5g
泡打粉	3g
三溫糖	10g
鮮奶	60g
全蛋液	110g
葡萄籽油	20g

南瓜吉士醬材料

鮮奶	50g
淡忌廉	30g
低筋粉	16g
黃砂糖	8g
蛋黃	1 顆
南瓜泥	55g

做法

① 全蛋、黃砂糖、鹽、鮮奶拌勻至糖融化。

② 加入已過篩的低筋粉與泡打粉拌勻。

③ 加入葡萄籽油拌勻。蓋上靜止 30 分鐘。

④ 將麵糊倒入鯛魚烤盤的 1/2 滿，加入南瓜
吉士醬，表面再倒入麵糊蓋過南瓜吉士醬，
蓋上蓋子，烘烤 3.5 - 4 分鐘分鐘即可。

南瓜吉士醬做

① 南瓜去皮切小件，隔水蒸熟至筷子能輕易
插入，再用叉子壓成南瓜泥備用。

② 已過篩的低筋粉與糖拌勻。

③ 加入鮮奶及淡忌廉拌勻。

④ 慢火煮至微暖離火，加入蛋黃拌勻。

⑤ 慢火邊攪邊煮到濃稠，加入南瓜泥拌勻離
火，盛起用保鮮紙貼著南瓜吉士醬包好備
用 (以防結皮)。

3.5 - 4 mins
烘烤時間

8 個
份量

抹茶吉士鯛魚燒

餡料也是滿滿的抹茶香。

材料

低筋粉	110g
抹茶粉	5g
泡打粉	3g
三溫糖	20g
岩鹽	1g
鮮奶	50g
全蛋液	110g
葡萄籽油	15g

抹茶吉士醬材料

鮮奶	50g
淡忌廉	50g
低筋粉	8g
吉士粉	5g
抹茶粉	3g
三溫糖	20g
蛋黃	1 顆

做法

1. 全蛋、黃砂糖、鹽、鮮奶拌勻至糖融化。
2. 加入已過篩的低筋粉與泡打粉拌勻。
3. 加入葡萄籽油拌勻。蓋上靜止 30 分鐘。
4. 將麵糊倒入鯛魚烤盤的 1/2 滿，加入南瓜吉士醬，表面再倒入麵糊蓋過南瓜吉士醬，蓋上蓋子，烘烤 3.5 - 4 分鐘分鐘即可。

抹茶吉士醬做法

1. 已過篩的粉類與糖拌勻。
2. 加入鮮奶及淡忌廉拌勻。
3. 慢火煮至微暖離火，加入蛋黃拌勻。
4. 慢火邊攪邊煮到濃稠，盛起用保鮮紙貼著吉士醬包好備用 (以防結皮)。

鯛魚燒烤盤

4.5 mins
烘烤時間

6 個
份量

櫻花鯛魚燒

加少許紅菜頭汁天然的色澤，
即可做出有如櫻花的漂亮粉紅。

材料

白玉粉	80g
米粉	80g
粟粉	5g
泡打粉	3g
水	155g
紅菜頭汁	5g

配料

櫻花餡	90g

撻皮做法

1. 白玉粉、米粉、粟粉及泡打粉拌勻。
2. 加入水及紅菜頭汁拌勻成麵糊。
3. 蓋上靜止 30 分鐘。
4. 將麵糊倒入鯛魚烤盤的 1/2 滿，加入配料，表面再倒入麵糊蓋過配料，蓋上蓋子，烘烤 4.5 分鐘即可。

小貼士

由於粉類沒筋性，放涼後會回縮屬正常。

建議現烤現吃。

放涼後會較軟糯，可放回窩夫機烤 1-2 分鐘。

紅菜頭汁只需極少量，可用新鮮的紅菜頭取汁液，也可以用罐裝即食紅菜頭的汁液製作。

3.5 - 4 mins
烘烤時間

8 個
份量

白玉紅豆鯛魚燒

白玉糰子 QQ 軟軟的，
配搭紅豆粒，非常好吃。

材料

低筋粉	100g
奶粉	5g
泡打粉	3g
三溫糖	20g
鮮奶	60g
全蛋液	110g
葡萄籽油	20g

餡料

蜜紅豆粒	80g
現成白玉糰 (切成 16 片)	80g

撻皮做法

1. 全蛋、三溫糖、鹽、鮮奶拌勻至糖融化。

2. 加入已過篩的低筋粉與泡打粉拌勻。

3. 加入葡萄籽油拌勻。蓋上靜止 30 分鐘。

4. 將麵糊倒入鯛魚烤盤的 1/2 滿，加入蜜紅豆和白玉片，表面再倒入麵糊蓋過餡料，蓋上蓋子，烘烤 3.5 - 4 分鐘分鐘即可。

粟米鯛魚燒

加了粟米粉與餡料的粟米粒，
每口都是粟米香。

鯛魚燒烤盤

3.5 - 4 mins
烘烤時間

8 個
份量

材料

低筋粉	100g
天然粟米粉	7g
泡打粉	3g
三溫糖	20g
鹽	1g
鮮奶	60g
全蛋液	110g
橄欖油	20g

餡料

已熟的粟米粒	100g

做法

1. 全蛋、三溫糖、鹽、鮮奶拌勻至糖融化。

2. 加入已過篩的粉類拌勻。

3. 加入橄欖油拌勻。蓋上靜止 30 分鐘。

4. 將麵糊倒入鯛魚烤盤的 1/2 滿，加入粟米
   粒，表面再倒入麵糊蓋過餡料，蓋上蓋子，
   烘烤 3.5 - 4 分鐘分鐘即可。

4.5 mins
烘烤時間

6 個
份量

花生椰絲白鯛魚燒

熱品嚐最佳，外脆內軟的，
如吃花生麻糬般非常美味。

材料

白玉粉	80g
米粉	80g
粟粉	5g
泡打粉	3g
水	160g

配料

花生 (烘香壓碎)	40g
椰絲	2 大匙
砂糖	2 茶匙

撻皮做法

1. 所有配料拌勻備用。
2. 白玉粉、米粉、粟粉及泡打粉拌勻。
3. 加入水拌勻成麵糊。
4. 蓋上靜止 30 分鐘。
5. 將麵糊倒入鯛魚烤盤的 1/2 滿，加入配料，表面再倒入麵糊蓋過配料，蓋上蓋子，烘烤 4.5 分鐘即可。

小貼士

* 由於粉類沒筋性，放涼後會回縮屬正常。
* 建議現烤現吃。
* 放涼後會較軟糯，可放回窩夫機烤 1-2 分鐘。

抹茶紅豆窩夫

粒粒豆與抹茶是
最對味之配搭。

3.5 - 4 mins
烘烤時間

6-8 個
份量

材料

低筋粉	150g
高筋粉	50g
抹茶粉	7g
速發乾酵母 (Instant Yeast)	2g
三溫糖	30g
鹽	2g
鮮奶	80g
全蛋液	55g
無鹽牛油 (室溫放軟)	35g

配料

蜜紅豆粒	70g

做法

1. 牛油及糖拌勻,加入全蛋、鮮奶及酵母拌
勻。
2. 加入已過篩的粉類拌勻成糰。
3. 蓋好發酵至 2 倍大。即由 1 寸高的麵糰發
酵到約 3 寸高。
4. 完成發酵後,加入蜜紅豆粒拌勻,蓋上發
酵 30 分鐘。
5. 預熱窩夫機,用大匙刮起適量的麵糰放在
窩夫機上,蓋上蓋子,烘烤 3.5-4 分鐘。

格子窩夫烤盤

3.5 - 4 mins
烘烤時間

6-8 個
份量

草莓櫻花窩夫

有如置身春日櫻花盛開的季節。

材料（A）

低筋粉	200g
草莓粉	3g
速發乾酵母 (Instant Yeast)	2g
三溫糖	10g
鹽	2g
鮮奶	110g
全蛋液	50g
無鹽牛油 (室溫放軟)	20g

材料（B）

珍珠糖	25g
鹽漬櫻花	6-8 朵

做法

1. 鹽漬櫻花用水沖洗鹽份，再用冷水浸泡一小時以上，瀝乾水備用。
2. 所有材料 (A) 混合 (除牛油外)，拌勻成糰。
3. 加入已軟化的無鹽牛油，用膠刮板幫助翻拌至所有材料混合均勻。
4. 蓋好發酵至 2 倍大，即由 1 寸高的麵糰發酵到約 3 寸高。
5. 用大匙刮起適量的麵糰放在窩夫機上，表面放上適量的珍珠糖，蓋上蓋子，烘烤 3.5-4 分鐘
6. 打開蓋子，在窩夫面放上櫻花，蓋上烘烤 3-5 秒即可。

櫻花瑪德蓮

充滿櫻花香氣的瑪德蓮，
有如置身賞櫻季節。

瑪德蓮

3 mins
烘烤時間

24 個
份量

材料

低筋粉	90g
櫻花粉	15g
泡打粉	2g
鮮奶	45g
三溫糖	30g
鹽	1g
全蛋液	30g
無鹽牛油	38g

餡料

櫻花餡	50g

飾面

鹽漬櫻花	24 朵

做法

1. 無鹽牛油隔熱水座至融化備用。
2. 鹽漬櫻花用清水洗去鹽份，再用冷開水浸泡 2 小時，瀝乾水備用。
3. 全蛋、三溫糖、鹽及鮮奶拌勻至糖融化。
4. 加入已過篩的粉類拌勻。
5. 加入已融化的無鹽牛油拌勻。
6. 然後蓋上保鮮紙靜止約 30 分鐘。
7. 將麵糊裝入擠花袋中。
8. 預熱窩夫機，放入鹽漬櫻花，擠入適量麵糊，擠入櫻花餡，再擠入麵糊蓋過櫻花，蓋上蓋子，烘烤 3 分鐘即可。

3 mins
烘烤時間

18 個
份量

抹茶甜甜圈

抹茶味濃，香氣十足，
抹茶控必選。

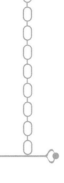

材料

低筋粉	100g
抹茶粉	7g
泡打粉	3g
鮮奶	30g
淡忌廉	40g
全蛋液	55g
砂糖	30g
鹽	1g
葡萄籽油	15g

裝飾

白朱古力	45g
淡忌廉	20g
抹茶粉	3g

做法

1. 全蛋、砂糖、鮮奶拌勻至糖融化。
2. 白朱古力座熱水至溶化，加入淡忌廉與抹茶粉拌勻，備用作裝飾。
3. 加入已過篩的粉類拌勻。
4. 加入葡萄籽油拌勻。
5. 然後蓋上保鮮紙靜止約 30 分鐘。
6. 將麵糊裝入擠花袋中。
7. 擠入烤盤中，蓋上蓋子，烘烤 3 分鐘即可。
8. 待涼後擠上抹茶朱古力即成。

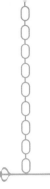

紫菜櫻花蝦米餅

不想浪費剩飯，加點心思，
馬上變成絕佳美食

脆餅烤盤

3.5 mins
烘烤時間

18 片
份量

材料

白飯	250g
冷開水	200g

調味

鹽	1/2 茶匙

配料

櫻花蝦	適量
紫菜粉	適量

做法

1. 將白飯加冷開水及鹽放進攪拌器中，攪打成米糊(狀態如漿糊)，把米糊倒入擠袋中。

2. 預熱窩夫機，擠入適量的米糊，加入紫菜粉及櫻花蝦，蓋上蓋子，烘烤 3.5 分鐘即成。

小貼士 建議現烤現吃，久放了會回軟。

Part
6

醒晨方便早餐

正方飛碟烤盤

5-6 mins
烘烤時間

2 件
份量

半熟雞蛋多士

無閒做早餐時，
只需一片麵包加一顆雞蛋，
放入窩夫機，即可隨時隨地品嚐營
養又健康的早餐。

材料

去皮方包	2 片
雞蛋	2 顆

調味料

海鹽	少許
七味粉	少許
芝士粉	少許
黑胡椒	少許

做法

1. 方包用麵棍稍微壓扁。
2. 預熱窩夫機，放入方包片，倒入雞蛋，撒
   少許調味料。
3. 蓋上烘烤 5-6 分鐘。

正方飛碟烤盤

3.5 mins
烘烤時間

12 個
份量

口袋麵包

口袋麵包是非常有趣好玩的麵包，
完成後可隨自己喜好裝入
不同配料品嚐。

麵皮材料

高筋粉	130g
低筋粉	30g
鹽	1g
黃砂糖	4g
水	105g
速發乾酵母 (Instant Yeast)	1.5g

麵皮做法

1. 所有材料拌勻搓揉成光滑麵糰。搓揉約 5 分鐘即可。
2. 麵糰滾圓，蓋好發酵 1 小時。
3. 麵糰分成 12 等份，鬆弛 10 分鐘。
4. 麵糰捍開成薄麵皮 (比烤模小的麵皮)，鬆弛 10 分鐘。
5. 預熱窩夫機，放上麵皮，蓋上蓋子，烤約 3.5 分鐘。
6. 完成後剪開一端，即看到麵包呈中空狀，可填入喜歡的配料享用。

小貼士

口袋麵包是利用高溫烘烤使得麵皮迅速膨脹造成中空狀，
在烘烤過程確定窩夫機已預熱完成，即綠燈與紅燈同時亮著。

紅菜頭鮮肉餡餅

天然的色澤，營養滿分。

7-8 mins
烘烤時間

4 件
份量

麵皮材料

中筋麵粉	150g
新鮮紅菜頭	50g
水	60g
鹽	1g
黃砂糖	5g
橄欖油	5g
速發乾酵母 (Instant Yeast)	1.5g

餡料

豬絞肉	150g
洋蔥 (切粒)	半個

餡料做法

1. 豬絞肉加糖 1/2 茶匙、鹽少許、醬油 1 茶匙、胡椒粉少許、生粉 1 茶匙、油 1 茶匙拌勻備用。
2. 燒熱鑊，下少許油炒香洋蔥。
3. 下豬絞肉炒至全熟。
4. 下 2 湯匙水炒至收汁即可。

麵皮做法

1. 紅菜頭、水放入攪拌器中，攪打成紅菜頭泥。
2. 所有材料拌勻搓揉成光滑麵糰。搓揉約 5 分鐘即可。
3. 麵糰滾圓，蓋好發酵 1 小時。
4. 麵糰分成 8 等份，鬆弛 10 分鐘。
5. 麵糰捍開成薄麵皮，大小約 10x10cm，必須比烤模大，以防漏餡。
6. 預熱窩夫機，掃少許油，放上麵皮，加入餡料，再放上另一片麵皮。
7. 蓋上蓋子，烤約 7-8 分鐘。

紅蘿蔔吞拿魚餡餅

麵皮與餡料都加了紅蘿蔔，
健康有營。

正方飛碟烤盤

7-8 mins
烘烤時間

4 件
份量

麵皮材料

中筋麵粉	160g
紅蘿蔔粉	7g
鹽	1g
黃砂糖	5g
水	95g
橄欖油	5g
速發乾酵母 (Instant Yeast)	1.5g

餡料

礦泉水浸吞拿魚	125g
紅蘿蔔絲	35g
沙律醬	適量
七味粉	適量

麵皮做法

1. 所有材料拌勻搓揉成光滑麵糰。搓揉約 5 分鐘即可。
2. 麵糰滾圓，蓋好發酵 1 小時。
3. 麵糰分成 8 等份，鬆弛 10 分鐘。
4. 麵糰捍開成薄麵皮，大小約 10x10cm，必須比烤模大，以防漏餡。
5. 預熱窩夫機，掃少許油，放上麵皮，加入餡料，再放上另一片麵皮。
6. 蓋上蓋子，烤約 7-8 分鐘。

正方飛碟烤盤

3 mins
烘烤時間

4 件
份量

黑芝麻花生夾餅

黑芝麻與花生的配搭，古早滋味。

粉漿材料

低筋粉	120g
泡打粉	4g
鮮奶	60g
原味希臘乳酪	50g
無糖黑芝麻醬	10g
鹽	1g
三溫糖	25g
全蛋液	55g
葡萄籽油	15g

夾餡 (拌勻備用)

烘香的花生碎	40g
椰絲	10g
黑芝麻	10g
砂糖	2 小匙

做法

1. 全蛋、糖及鹽拌勻，加入鮮奶、乳酪、黑芝麻醬拌勻。
2. 加入已過篩的粉類拌勻。
3. 加入葡萄籽油拌勻，蓋上靜止 30 分鐘。
4. 預熱 V 仔，倒入適量麵糊，舖上餡料，再倒入少許麵糊蓋著餡料，蓋上蓋子，烘烤 3 分鐘即可。

心型窩夫烤盤

芝士心型窩夫

用窩夫來夾三文治,營養豐富,
不一樣的享受。

3-4 mins
烘烤時間

8 個
份量

材料

低筋粉	135g
芝士粉	7g
泡打粉	3g
芝士絲	10g
鮮奶	135g
鹽	1g
三溫糖	20g
全蛋液	35g
橄欖油	20g

做法

1. 全蛋、三溫糖、鹽及鮮奶拌勻至糖
   融化。
2. 加入已過篩的粉類及芝士絲拌勻。
3. 加入橄欖油拌勻。
4. 然後蓋上保鮮紙靜止約 30 分鐘。
5. 倒入適量麵糊,待看到氣泡冒出,
   蓋上蓋子,烘烤 3-4 分鐘即可。

烤薯餅

很適合用作主餐的配菜。

10 mins
烘烤時間

4 份
份量

材料

薯仔 (已去皮)	400g
海鹽	3g
太白粉	15g

做法

1. 先將薯仔切粒,放入鍋中隔水蒸熟,約需 8 分鐘。
2. 趁熱加入海鹽及太白粉拌勻。
3. 分成 4 等份,手沾少許水,把薯仔粒捏緊成圓餅狀。
4. 薯餅撲少許太白粉。
5. 預熱窩夫機後,掃少許油,放上薯餅,蓋上蓋子,烘烤 8-10 分鐘至金黃。

咖喱粟米雞粒餡餅

香氣撲鼻，外脆內餡豐富。

7-8 mins
烘烤時間

4 件
份量

麵皮材料

中筋麵粉	160g
研磨粟米粉	7g
鹽	1g
黃砂糖	5g
水	95g
橄欖油	5g
速發乾酵母 (Instant Yeast)	1.5g

餡料

雞扒（切粒）	150g
粟米粒	100g
日式咖喱磚	1 粒

雞扒粒醃料 (拌勻備用)

糖	1/2 茶匙
鹽	少許
醬油	1 茶匙
胡椒粉	少許
生粉	1 茶匙
油 1	茶匙

麵皮做法

1. 所有材料拌勻搓揉成光滑麵糰。
   (搓揉約 5 分鐘即可)
2. 麵糰滾圓，蓋好發酵 1 小時。
3. 麵糰分成 4 等份，鬆弛 10 分鐘。
4. 麵糰捍開成薄麵皮 (必須比烤模大，以防漏餡)。
5. 預熱窩夫機，掃少許油，放上麵皮，加入餡料，再放上另一片麵皮。
6. 蓋上蓋子，烤約 7-8 分鐘。

餡料做法

1. 燒熱鑊，下少許油炒香雞粒。
2. 下粟米粒抄勻。
3. 加半碗水及咖喱磚煮至收汁即可。

飛碟烤盤

6 mins
烘烤時間

4 件
份量

藜麥雞蛋沙拉三文治

藜麥是非常有營養的食材，
做成沙拉夾麵包美味又有益。

材料

白方包	4 片

配料

藜麥	25g
雞蛋	2 顆
椰菜花	50g
車厘茄	6 粒
沙拉醬	適量
黑胡椒	少許
鹽	少許

做法

1. 先準備藜麥雞蛋沙拉。藜麥加水蓋過面，中火煮 10 分鐘，關火後悶 5 分鐘，完成後瀝乾水備用。
2. 雞蛋焓熟切粒備用。椰菜花焓熟切碎備用。
3. 所有配料放涼後，加入沙拉醬、黑胡椒、鹽調味。
4. 預熱窩夫機，放上方包，舖上藜麥雞蛋沙拉，再放上另外 2 片方包。
5. 蓋上蓋子，烘烤 6 分鐘。

泡菜烤蛋三文治

泡菜烤蛋再加片芝士，
意想不到的對味。

飛碟烤盤

6 mins
烘烤時間

4 件
份量

材料

白方包	4 片

配料

泡菜	80g
雞蛋	2 顆
芝士片	2 片

做法

1. 泡菜切碎，與雞蛋拌勻。
2. 預熱窩夫機，掃少許油，下泡菜蛋液，蓋上蓋子，烘烤 1.5 分鐘，取出泡菜烤蛋。
3. 放上方包，放上泡菜烤蛋，再放上芝士片及另外 2 片方包。
4. 蓋上蓋子，烘烤 6 分鐘。

Part 7

輕鬆派對小食

阿華田蛋卷

烘烤時，阿華田的香氣四溢，熱騰騰的蛋卷，趁熱吃才會
有最美味的口感哦！

帕尼尼烤盤

3-3.5 mins
烘烤時間

2件
份量

做法

1. 全蛋、黃砂糖、鮮奶拌勻至糖融化。
2. 加入已過篩的阿華田、低筋粉、泡打粉拌勻。
3. 加入橄欖油拌勻。
4. 然後蓋上保鮮紙靜止約 30 分鐘。
5. 倒入適量麵糊，待看到氣泡冒出，蓋上蓋子，烘烤 3 至 3.5 分鐘即可。
6. 裁去多餘的蛋糕，在蛋糕兩端用利刀斜切一下。
7. 抹上阿華田忌廉捲起，用牛油紙包封著，放進雪櫃冷藏一小時。
8. 品嚐時再切成喜愛的大小即成。

材料

阿華田	30g
低筋粉	130g
泡打粉	4g
全蛋	110g
鮮奶	130g
黃砂糖	30g
橄欖油	20g

配料

甜忌廉	100g
阿華田	30g

(拌勻打起備用)

3-3.5mins
烘烤時間

24 個
份量

玫瑰紅莓杯子蛋糕

甜甜酸酸的紅莓中有著淡淡的玫瑰花香，放上翻糖玫瑰花，高雅漂亮。

材料

低筋粉	110g
泡打粉	3g
淡忌廉	40g
鮮奶	40g
三溫糖	50g
鹽	1g
全蛋液	55g
無鹽牛油	50g
紅莓乾 (略剪碎)	20g
食用玫瑰花乾	1 小匙

做法

1. 牛油室溫放軟，加入三溫糖用電動打蛋器打發至糖溶化。
2. 分數次加入全蛋液攪拌均勻。
3. 加入已過篩的粉類拌勻。
4. 加入鮮奶及淡忌廉拌勻。加入紅莓乾及玫瑰花乾拌勻。
5. 蓋上保鮮紙靜止約 30 分鐘。
6. 將麵糊裝入擠花袋中。
7. 擠入麵糊在烤盤中，蓋上蓋子，烘烤 3-3.5 分鐘即可。
8. 放涼後可擠上牛油糖霜及放上翻糖玫瑰花。

翻糖玫瑰花材料

糖霜	70g
棉花糖	45g
水	1 湯匙
紅菜頭汁	1/2 小匙
無鹽牛油	少許 (抹器皿用)

做法

1. 準備一個大盤，抹上牛油備用。
2. 糖霜過篩，倒在抹了牛油的盤上備用。
3. 棉花糖加水及紅菜頭汁，慢火煮至棉花糖溶化。
4. 煮溶的棉花糖倒在步驟 (2) 上。(此時棉花糖漿非常燙手，請小心)
5. 稍微放涼，用膠挖輔助，將糖霜與棉花糖漿拌勻。
6. 待棉花糖漿不燙手後即可用手搓揉成糰。
7. 用麵棍捍薄，用 cut 模印出圓形。
8. 每 5 片為一組，然後一片一片交疊排列，捲起。
9. 從中央一分為二，整理一下花瓣，即形成二朵玫瑰花。

菠蘿杯子蛋糕

綿密濕潤，口感極佳。

Cupcake 烤盤

3-3.5mins
烘烤時間

24 個
份量

材料

低筋粉	110g
泡打粉	3g
淡忌廉	38g
鮮奶	38g
黃砂糖	50g
全蛋液	55g
無鹽牛油	50g
罐頭菠蘿粒	24 粒
葡萄籽油	8g

做法

1. 牛油室溫放軟，加入黃砂糖用電動打蛋器打發至糖溶化。
2. 分數次加入全蛋液攪拌均勻。
3. 加入已過篩的粉類拌勻。
4. 加入鮮奶及淡忌廉拌勻。
5. 蓋上保鮮紙靜止約 30 分鐘。
6. 將麵糊裝入擠花袋中。
7. 擠入麵糊在烤盤中，放入菠蘿粒，蓋上蓋子，烘烤 3-3.5 分鐘即可。

蜂蜜檸檬蛋糕

甜蜜清新，下午茶必選。

Cupcake 烤盤

3-3.5mins
烘烤時間

24 個
份量

材料

低筋粉	110g
泡打粉	3g
淡忌廉	15g
新鮮檸檬汁	20g
蜂蜜	30g
三溫糖	35g
全蛋液	55g
無鹽牛油	50g
檸檬青	1/2 茶匙

做法

1. 牛油室溫放軟，加入三溫糖用電動打蛋器打發至糖溶化。
2. 分數次加入全蛋液攪拌均勻。
3. 加入已過篩的粉類拌勻。
4. 加入蜂蜜拌勻。加入淡忌廉及檸檬青拌勻。
5. 蓋上保鮮紙靜止約 30 分鐘。
6. 將麵糊裝入擠花袋中。
7. 擠入麵糊在烤盤中，蓋上蓋子，烘烤 3-3.5 分鐘即可。

香蕉核桃杯子蛋糕

已熟透的香蕉用來烤蛋糕最好不過，
配以山核桃口感豐富。

Cupcake 烤盤

3-3.5mins
烘烤時間

24 個
份量

材料

低筋粉	100g
泡打粉	3g
香蕉	1 根 (100g)
鮮奶	10g
三溫糖	30g
鹽	1g
全蛋液	55g
無鹽牛油	50g
山核桃碎	30g
原粒山核桃	24 粒

做法

1. 香蕉用叉子壓成香蕉蓉備用。
2. 牛油室溫放軟，加入三溫糖用電動打蛋器打
   發至糖溶化。
3. 分數次加入全蛋液攪拌均勻。
4. 加入已過篩的粉類拌勻。
5. 加入鮮奶、香蕉蓉及核桃碎拌勻。
6. 蓋上保鮮紙靜止約 30 分鐘。
   將麵糊裝入擠花袋中。
8. 擠入麵糊在烤盤中，放上原粒山核桃，蓋上
   蓋子，烘烤 3 - 3.5 分鐘即可。

小貼士
用已熟透起斑點的香蕉會較香甜。

鮮藍莓杯子蛋糕

新鮮的藍莓在烘烤過程中，
汁液溶入蛋糕中，特別清甜醒胃。

3-3.5mins
烘烤時間

24 個
分量

材料

低筋粉	100g
泡打粉	3g
鮮奶	55g
三溫糖	30g
鹽	1g
全蛋液	55g
無鹽牛油	50g
新鮮藍莓	60g

做法

1. 藍莓對半切開備用。
2. 牛油室溫放軟，加入三溫糖用電動打蛋器打發至糖溶化。
3. 分數次加入全蛋液攪拌均勻。
4. 加入已過篩的粉類拌勻。
5. 加入鮮奶拌勻。加入藍莓拌勻。
6. 蓋上保鮮紙靜止約 30 分鐘。
7. 將麵糊裝入擠花袋中。
8. 擠入麵糊在烤盤中，蓋上蓋子，烘烤 3 - 3.5 分鐘即可。

朱古力榛子脆餅

朱古力榛子脆餅夾一層榛子朱古力
醬，味道更濃郁。

脆餅烤盤

2 mins
烘烤時間

12 片
份量

材料

低筋粉	70g
泡打粉	3g
榛子粉	10g
無糖可可粉	10g
無鹽牛油	40g
黃砂糖	45g
全蛋	55g
淡忌廉	45g

配料

榛子朱古力醬	適量

做法

1. 牛油室溫放軟，加入黃砂糖，用電動打蛋器
   攪打至糖溶化。
2. 分數次加入蛋液拌勻。
3. 加入淡忌廉拌勻。
4. 加入已過篩的粉類拌勻。
5. 預熱窩夫機，擠上適量麵糊，蓋上蓋子，烘
   烤約 2 分鐘。
6. 脆餅放涼後即可抹上榛子朱古力醬。

朱古力脆米筒

像雪糕的模樣，小朋友定會愛上。

約 1.5-2 mins
烘烤時間

12 片
份量

材料

低筋粉	60g
杏仁粉	20g
黃砂糖	35g
鹽	1g
泡打粉	3g
全蛋液 (一顆大蛋)	60g
無鹽牛油	40g

配料

黑朱古力 (坐熱水至溶化)	100g
脆米	70g
白朱古力 (裝飾用)	10g

朱古力脆米做法

朱古力坐熱水至溶化，倒入脆米翻拌至脆米都有黏上朱古力。

做法

1. 無鹽牛油隔熱水坐溶。
2. 全蛋、黃砂糖、鹽拌勻至糖溶化。
3. 加入牛油溶液拌勻。
4. 加入已過篩的低筋粉、杏仁粉及泡打粉拌勻。
5. 將麵糊倒入擠花袋中。
6. 預熱窩夫機，轉燈後擠入適量麵糊於烤盤中，蓋上蓋子烘烤約 1.5 - 2 分鐘。
7. 趁熱將脆餅捲成錐形。
8. 填入朱古力脆米，擠少許白朱古力裝飾即成。

小貼士
　　剛烤起的脆餅非常燙手，建議戴上棉布手套。
脆餅必須趁熱捲起，擱置太久脆餅變硬會導致無法捲起。如擔心手慢，建議每次只烤一片。

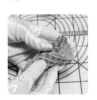

栗米脆餅

早餐伴牛奶，
又或午後小點心也很適合。

2 mins
烘烤時間

12 片
份量

材料

低筋粉	65g
研磨粟米粉	10g
泡打粉	3g
無鹽牛油	40g
三溫糖	35g
鹽	1g
全蛋	55g

做法

1. 牛油座熱水至溶化備用。
2. 全蛋、糖、鹽拌勻至糖溶化。
3. 加入已過篩的粉類拌勻。
4. 預熱窩夫機，擠上適量麵糊，蓋上蓋子，烘烤約 2 分鐘。

紫菜脆餅

紫菜香濃，和風滋味。

2 mins
烘烤時間

12 片
份量

材料

低筋粉	70g
紫菜粉	3g
泡打粉	3g
無鹽牛油	40g
砂糖	35g
鹽	1g
全蛋	55g

做法

1. 牛油座熱水至溶化備用。
2. 全蛋、糖、鹽拌勻至糖溶化。
3. 加入已過篩的粉類拌勻。
4. 預熱窩夫機，擠上適量麵糊，蓋上蓋子，烘烤約 2 分鐘。

迷你椰撻

港式撻的寵兒，傳統美味。

迷你撻烤盤

3 mins
烘烤時間

撻皮材料

低筋粉	125g
奶粉	5g
無鹽牛油	65g
糖霜	45g
鹽	2g
全蛋液	20g

24 個
份量

飾面

紅莓乾	適量

(剪碎備用)

椰絲餡材料

砂糖	65g
水	90g
無鹽牛油	40g
全蛋液	110g
椰絲	120g
泡打粉	3g
淡奶	1 湯匙

做法

1. 牛油、鹽和糖霜攪打至幼滑。
2. 蛋汁分數次加入打勻。
3. 加入已過篩的粉類拌勻成糰。
4. 包上保鮮紙，放入雪櫃冷藏約 15 分鐘。
5. 分成 24 份 (每份約 10g)，捍成直徑約 4cm 的麵皮。
6. 將麵皮放入烤盤，蓋上蓋子，烘烤 1 分鐘，取出待涼。
7. 填入椰絲餡，放一小片紅莓乾作裝飾。
8. 窩夫機更換 cupcake 烤盤上蓋，預熱。
9. 放入椰撻，烘烤約 1.5 分鐘後關上電源，讓餘溫烤至餡料熟透。(時間約 1 分鐘。)

做法

1. 水、砂糖、牛油及椰絲放入鍋中。
2. 慢火煮至糖及牛油溶化。
3. 稍微放涼，倒入蛋漿、淡奶及泡打粉拌勻。
4. 放進雪櫃冷藏 1 小時備用。

小貼士
　　預先烤撻皮只需 1 分鐘，因為填入椰絲餡後會回烤，所以製作撻皮時間不要過長，以免回烤時撻皮過焦。

酥皮蛋撻仔

想省時又想品嚐酥皮蛋撻，
用現成的酥皮，簡易的預備蛋漿，
熱呼呼的酥皮蛋撻隨時也可品嚐。

撻皮材料

現成的急凍酥皮一片 (31cm x 20cm)

蛋漿材料

全蛋	75g
砂糖	30g
水	100g
鮮奶	16g
鹽	1g

蛋漿做法

1. 砂糖加水及鹽慢火煮至糖溶化。
2. 稍微放涼，倒入蛋液及鮮奶拌勻。
3. 過篩 2 次備用。

酥皮蛋撻仔做法

1. 酥皮用壓模 (壓模直徑約 4.5cm) 壓出 24 份麵皮。
2. 預熱窩夫機，放入酥皮，蓋上蓋子，烘烤 1.5 分鐘，取出待涼。
3. 完成了所有撻皮後，把迷你撻烤盤的上蓋更換成 cupcake 烤盤的上蓋。
4. 重新預熱窩夫機，放入已烤過的撻皮，注入蛋漿約 9 分滿。
5. 蓋上蓋子，烘烤 1.5 分鐘後關上電源，讓餘溫烤熟蛋漿。(時間約 1 至 1.5 分鐘，其間可察看蛋漿情況，若看到蛋漿微微凸起即可取出。)

小貼士
預先烤撻皮只需 1.5 分鐘，因為注入蛋漿後會回烤，所以製作撻皮時間不要過長，以免回烤時撻皮過焦。

8 mins
烘烤時間

約 38 支
份量

吉拿棒

烤的吉拿棒，比油炸的健康多呢。
吃時伴以榛子朱古力醬特別好吃。

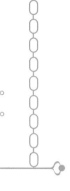

麵糰材料

低筋粉 70g

黃砂糖 10g

岩鹽 1g

水 130g

橄欖油 18g

配料

玉桂粉 .... 1 茶匙

糖霜 .... 2 茶匙

伴醬

朱古力榛子醬 .... 適量

做法

1. 水、鹽、糖及油拌勻，中火煮至大滾。
2. 倒入已過篩的低筋粉，快手拌勻成糰，離火。
3. 將麵糰放入擠花袋中，擠出長約 10cm 的麵條。
4. 預熱窩夫機，掃少許油，將麵條放入窩夫機，蓋上蓋子烤 4 分鐘。
5. 打開用竹籤轉動麵條，蓋上繼續烤約 4 分鐘至金黃。
6. 玉桂粉與糖霜拌勻，放上烤好的吉拿棒，讓吉拿棒沾滿玉桂糖。
7. 品嚐時以榛子朱古力醬伴吃。

帕尼尼烤盤

5 mins
烘烤時間

12 條
份量

杏仁酥條

忙碌又想吃些小點心，用現成的酥
皮製作杏仁酥條，又快又好吃。

材料

現成酥皮	1 片
(18cm x 18cm)	
杏仁粒	25g
蛋白液	適量
粗粒黃砂糖	15g
糖霜	少許

做法

1. 將酥皮分割成 12 等份。
2. 掃上蛋白液，舖上杏仁粒，用手輕輕按壓讓杏
   仁粒黏上酥皮。
3. 撒少許粗粒黃砂糖。

4. 預熱窩夫機，放上酥皮杏仁條，蓋上蓋子烘烤
   5 分鐘。
5. 完成後放涼，篩上少許糖霜即成

蝦多士

簡易蝦多士，比油炸的更健康。

5 mins
烘烤時間

8 件
份量

材料

急凍蝦仁	40g
去皮方包	2 片
麵包糠	25g

調味料

黃砂糖	3g
鹽	2g
胡椒粉	少許
麻油	1 茶匙
生粉	1 茶匙
蛋白	15g
蒜泥	1 茶匙
蛋黃 (掃多士用	1 顆)

做法

1. 首先將蝦仁剁碎，然後撻至起膠，加入調味料拌勻備用。
2. 方包一開四，將適量蝦滑抹在麵包上。
3. 將整件已抹上蝦滑的麵包掃上蛋黃液，然後整件沾上麵包糠。
4. 預熱窩夫機，掃少許油，放上蝦多士，蓋上蓋子，烘烤 5 分鐘。

2-2.5 mins
烘烤時間

32 個
份量

貝殼鳳梨酥

快速烤鳳梨酥，卻有意想不到的效果，品嚐過定會愛上。

皮材料

低筋粉	120g
高筋粉	30g
糖霜	38g
芝士粉	8g
奶粉	8g
無鹽牛油	75g
全蛋	45g

餡

鳳梨餡：32 份，每份 12g

皮：32 份，每份 10g

鳳梨餡材料

新鮮鳳梨淨重	680g
砂糖	150g
檸檬 (榨汁)	1/2 個
麥芽糖	50g

做法

1. 牛油室溫回軟，加入糖霜用電動打蛋器攪拌均勻。
2. 加入芝士粉與奶粉拌勻。
3. 分數次加入全蛋攪拌均勻。
4. 分二次加入麵粉混合均勻，用保鮮紙包好放進雪櫃冷藏 30 分鐘。
5. 分成 32 等份，每份約 10g。
6. 包入鳳梨餡，鳳梨餡每份 12g。
7. 放進已預熱的烤盤中，蓋上蓋子烘烤 2 - 2.5 分鐘。

做法

1. 將一半果肉切粒備用，另一半用攪拌器攪打成果蓉。
2. 加入砂糖，加入檸檬汁拌勻。
3. 倒入平底鍋內，中慢火煮，不時攪動，煮至鳳梨汁液冒出的泡泡開始變少，加入麥芽糖，不時翻拌，直至鳳梨開始收乾即可。
4. 放涼後放雪櫃保存。

各式烤盤一覽表

 ## 三文治飛碟烤盤   ## 帕尼尼烤盤

咖哩粟米雞粒餡餅	吉拿棒
朱古力夾心蛋糕	杏仁酥條
泡菜烤蛋三文治	蝦多士
藜麥雞蛋沙拉三文治	香蔥肉鬆鹹蛋糕
	香蔥芝麻烤餅

 ## 班戟烤盤   ## 心型窩夫烤盤

朱古力榛子醬千層蛋糕	小麥胚芽心型窩夫
朱古力榛子醬捲餅	柚子蜜心型窩夫
烤薯餅	椰香心型窩夫
蘑菇蛋餃	竹炭黑芝麻心型窩夫
雜菜煎餅	芝士心型窩夫
飯漢堡	香草芝士烤薯餅
香蔥烤麵餅	

 ## 迷你撻皮烤盤   ## 正方飛碟烤盤

Tiramisu 撻	半熟雞蛋多士
心太軟朱古力撻	口袋麵包
朱古力吉士醬水果撻	紅菜頭鮮肉餡餅
藍莓芝士撻	紅蘿蔔吞拿魚餡餅
迷你椰撻	麵包布丁
酥皮蛋撻仔	黑芝麻花生夾餅
鮮奶蛋白撻	
黑可可焦糖杏仁撻	

 ## 撻皮烤盤   ## 杯子蛋糕烤盤

南瓜撻	玫瑰紅莓杯子蛋糕
粟米雞丁撻	菠蘿杯子蛋糕
芒果布丁撻	蜂蜜檸檬蛋糕
菠菜煙肉撻	香蕉核桃杯子蛋糕
蘋果撻	鮮藍莓杯子蛋糕
香橙撻	

格子窩夫烤盤   ## 脆餅烤盤

抹茶紅豆窩夫

甜薯 Q 軟一口窩夫

草莓櫻花窩夫

蜜漬橙皮朱古力窩夫

黑糖蜜薑窩夫

朱古力榛子脆餅

朱古力脆米筒

栗米脆餅

紫菜櫻花蝦米餅

紫菜脆餅

 ## 瑪德蓮烤盤   ## 鯛魚燒烤盤

杏仁咖啡瑪德蓮

楓糖瑪德蓮

檸檬瑪德蓮

櫻花瑪德蓮

貝殼鳳梨酥

南瓜鯛魚燒

抹茶吉士鯛魚燒

櫻花鯛魚燒

白玉紅豆鯛魚燒

栗米鯛魚燒

花生椰絲白鯛魚燒

 ## 甜甜圈烤盤

抹茶甜甜圈

朱古力吉士醬泡芙圈

杏仁甜甜圈

焦糖咖啡甜甜圈

玉桂可可酥皮圈

let's brunch! 微奢華的早午餐點
百變窩夫機2

作者	Allie
總編輯	Ivan Cheung
責任編輯	Jocelyn Yu
文稿校對	Candy Cheung
封面設計	So@SmilePro
內文設計	Eva
出版	研出版 In Publications Limited
市務推廣	Samantha Leung
查詢	info@in-pubs.com
傳真	3568 6020
地址	九龍彌敦道 460 號美景大廈 4 樓 B 室
香港發行	春華發行代理有限公司
地址	香港九龍觀塘海濱道 171 號申新證券大廈 8 樓
電話	2775 0388
傳真	2690 3898
電郵	admin@springsino.com.hk
台灣發行	永盈出版行銷有限公司
地址	新北市新店區中正路505號2樓
電話	886-2-2218-0701
傳真	886-2-2218-0704
出版日期	2017 年 07 月 14 日
ISBN	978-988-78267-1-2
售價	港幣 118元 / 新台幣 510 元